有趣的地理知识又增加了

这就是河流

郑利强 / 主编　李冉 / 著　段虹 梁顺子 / 绘

步印
地理

小猛犸童书

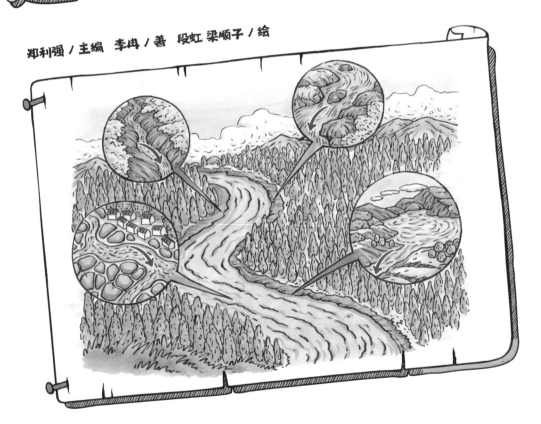

电子工业出版社
Publishing House of Electronics Industry
北京·BEIJING

前言

　　《有趣的地理知识又增加了》丛书为地理科普读物，面向儿童介绍了地图、山脉、地形、地震、河流、火山、方位与方向等地理相关知识，插图精美、内容丰富，逻辑性强。该套丛书深入浅出，以儿童的视知觉为基点，充满童趣的漫画角色将枯燥、深奥的地理学科专业知识架构逐一呈现，循序渐进。此外，书中以游戏提问的方式，引导儿童带着问题阅读，具有较强的启发性，利于小读者增加对地理学科的兴趣，提升其自学能力及探索精神，这是一套非常适合学龄儿童的科普游戏读本。

西南大学 地理科学学院教授 杨平恒

你一定见过物理化学的实验，但你听说过用地理知识来做的游戏吗？这也我第一次见到，有人居然将有趣的游戏与地理知识巧妙地融合在一起。作者大胆的奇思妙想结合有趣的画风，把平时看似枯燥的地理知识用一个接一个的小游戏表达出来，让人看过之后，欲罢不能。本书真正从儿童互动式的游戏角度，完成了地理这门通识类学科从高高在上的学科知识到儿童启蒙的真正跨越，令人大开眼界。从一个读者的角度来看，不得叹服作者的神来之笔。是一套值得推荐给小朋友的真正佳作。

全网百万粉丝地理学习短视频博主
"小郭老师讲地理" 创作者 **郭帅**

地理学是一门包罗万象的学科。日月星辰、风雨雷电、江河湖海、山石水土……我们身边的各种自然现象与环境，都是地理学所关注的对象，也都和我们的生活密不可分。《有趣的地理知识又增加了》系列共八册，对 8 个最具代表性的地理主题进行了有趣而深入的解读。书中文字生动而准确，绘图精细而有趣，图文巧妙结合，将深奥的地理知识以最适合孩子的方式呈现出来。特别设计的问答环节更能激起孩子的求知欲与好奇心。相信这套书能带领小读者走进地理的世界，获得丰富的知识，掌握地理的技能，更享受到地理的趣味与探索未知的快乐。

山原猫探索联合创始人 北京四中原地理教师

朱岩

小步和他的朋友们

小伙伴们大家好！我是你们的老朋友——小步，我是一只很多人都看不出来的小青蛙，呱～

这是我们的班主任绵羊老师，她年轻又漂亮。

这是我们的猫头鹰老师，他睿智又博学。

这次我还带来了一些新朋友。以后我们可以一起去玩耍、游戏、探险！

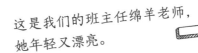

大家好！我就是超级无敌可爱的龟宝宝，我的壳一点儿都不重，哈哈！不信，我转个圈给你们看。

嘿嘿，我就是无人不识、无人不爱的"国民宝贝"大熊猫，其实我一点儿都不肥，我健步如飞。

呃……到我了……我是考拉，我是从外国来的，我还有一个名字，叫树袋熊。我……我爱睡觉，不爱喝水，不过，这是不对的，你们……你们可别学我，嗯……很高兴认识你们。

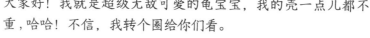

哈哈，我是头上有犄角的小鹿呀，我今年8岁，是东北的，所以，没事儿别老瞅我。

大家好！我是黑夜精灵——蝙蝠大侠，我昼伏夜出，所以你们很少见到我，请珍惜和我见面的每一次机会吧，放心，我不会伤害你们的。

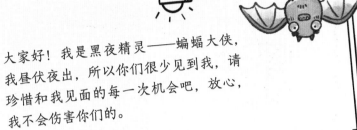

咳咳，你们好！我是站得高所以看得远的鸵鸟哥哥，请注意我的性别，我可不会下蛋，你们就别惦记啦。望远镜倒是可以借你们用用，先到先得哦！

大家好！我是小鳄鱼，你们不要怕，其实我也是一个宝宝，我虽然长得丑，但是我很"温柔"。我爷爷的爷爷的爷爷的爷爷的爷爷……，就已经在地球上生活了，比人类朋友还早。

终于轮到我了，我是大耳朵、长鼻子的小象。我是小伙伴们的游戏宝库，就数我点子最多，快来找我玩吧！

目 录
CONTENTS

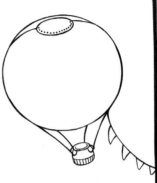

河流的故事

水滴汇成的"小军队"

你一定见过河流吧，它们像由水滴汇聚成的"小军队"，行动整齐，步伐稳定，目标一致地从高处流到低处，从一个地方一直流动到另一个地方。不过，你会不会好奇，它们到底从哪里来？要到哪里去？它们的队伍有多长？一路上遇到了什么好玩的事……别着急，想要知道河流的秘密，先要找到它们。

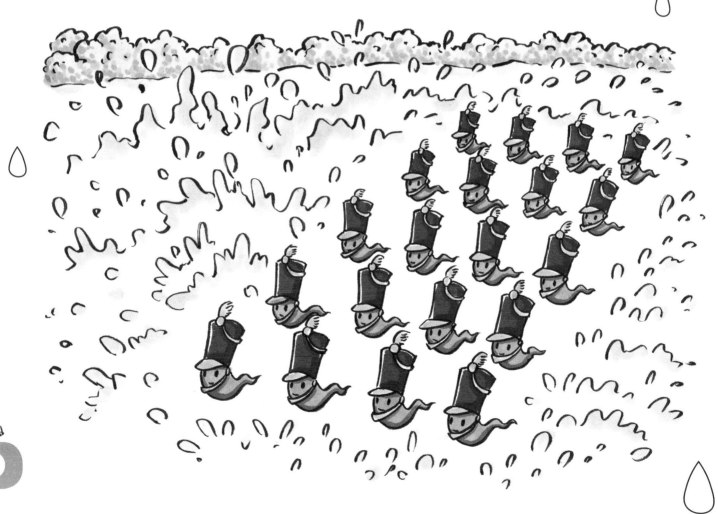

岷江

青衣江

岷江

水渡河

熊猫的家

大熊猫的家在四川，有很多条河经过
那里，看看上图，找找这里有几条河流？

认识一下，地图上的河流

在地图上，河流一般由弯弯折折的曲线来表示，下面是小步画的中国地图，他还把一些河流画上去了，小步的中国地图中有几条河流？请你给河流涂上颜色吧！

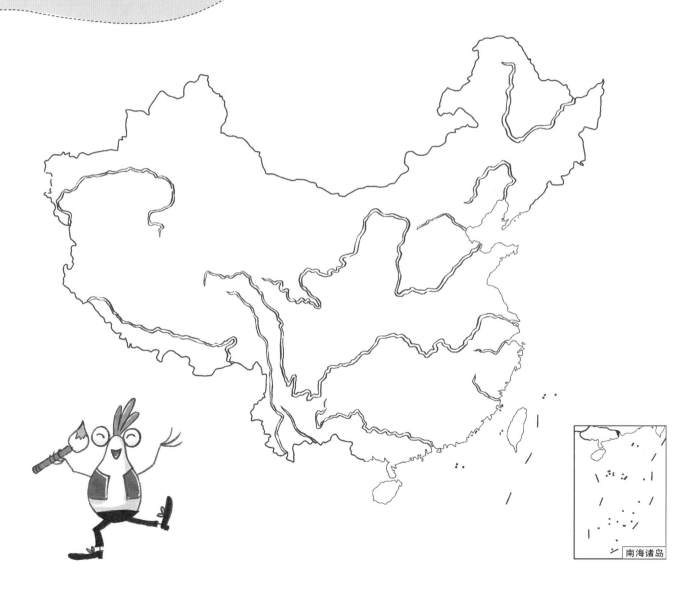

南海诸岛

这些河流谁最长？

中国最长的河流是哪一条呢？小步也想知道，他想给右面的河流们排排序，看看谁是第一长，谁是第五长。根据小步的调查，完成下面的填空。

名称	河长（千米）
松花江	2308
海河	1090
长江	6397
黄河	5464
珠江	2214
淮河	1000
辽河	1394

中国河流长度示意图（部分河流）

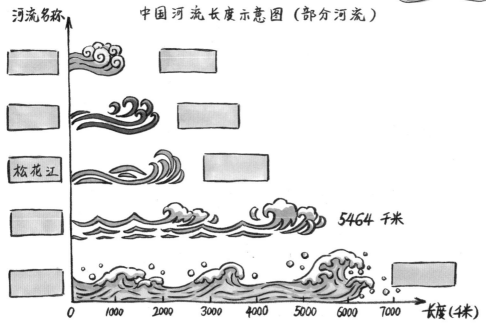

河流有原则

　　每一条河流都是天生的旅行家，它们喜欢四处旅行，却不会随便乱走，它们一定会从高处流到低处，这就是它们的原则。

　　许多河流都会从它高高的"家乡"出发，一直奔流到上千千米的远方。这些河流中，大部分会直接汇入海洋，有一些会汇入其他河流或湖泊，还有一些会流到沙漠里，干旱的天气让它们直接蒸发消失。

　　我们把河流来的地方叫"发源地"，把河流流入其他河流的地方叫"河口"，流入海洋的地方叫"入海口"，那些能直接或间接流入海洋的河流称为"外流河"，那些最后不能流入海洋的河流称为"内流河"。

　　该怎么认识一条河流呢？先找到它的来处和去处——"发源地"和"河口"吧！下页图中，小步在河流的"发源地"还是"河口"？请你完成填空。

长江的源头在哪里？

中国第一长河流——长江的发源地是什么样的呢？小步的爸爸说，长江发源了唐古拉山脉，那里是海拔8000多米的冰上高原，到处都是冰的世界，满眼能看到的都是冰山、冰河，冰墙、冰窟……7月份的平均气温也常常在零度以下，寒冷、空气稀薄、道路崎岖阻挡了大部分人的靠近，所以，唐古拉在蒙古语里面叫"雄鹰飞不过去的高山"。小步想乘着热气球飞往长江源头唐古拉山脉去看一看，你能找到长江的发源地吗？快把它用红色标出来！

长江的入海口长什么样？

长江的入海口是什么样的呢？小步在地图上找到了它，原来长江最终会流入海洋，它的入海口像一个大嘴巴，上嘴唇为江苏的海门市，下嘴唇为上海市，崇明岛在中间舌头的位置，从这个"大嘴唇"出来，长江流入东海，最后流入太平洋。下面有4个河流入海口。哪一个是长江入海口？

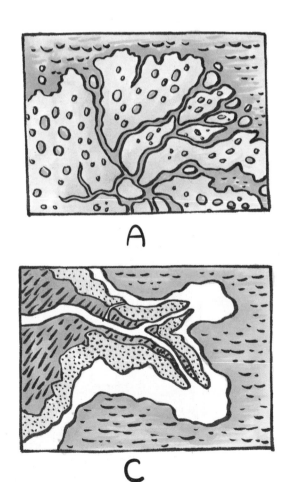

A

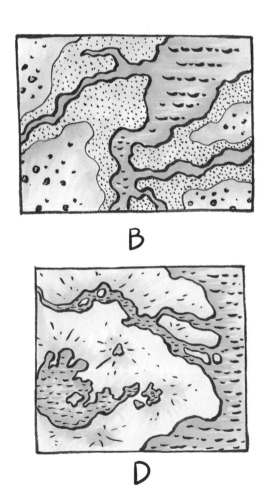

B

C

D

外流河是哪些河？

小步和朋友们想找到那些直接或间接流入海洋的外流河，有两个人找错了，你知道是谁吗？

我找到了新疆的塔里木河。

我找到了青海的布哈河。

我找到了大渡河。

我找到了湘江。

看等高线，
判断河流的流向

还记得河流的原则是从高处流向低处吗？下面是绵羊老师家附近的等高线地形图，你能判断图中这条河从哪里来，要流到哪里去吗？

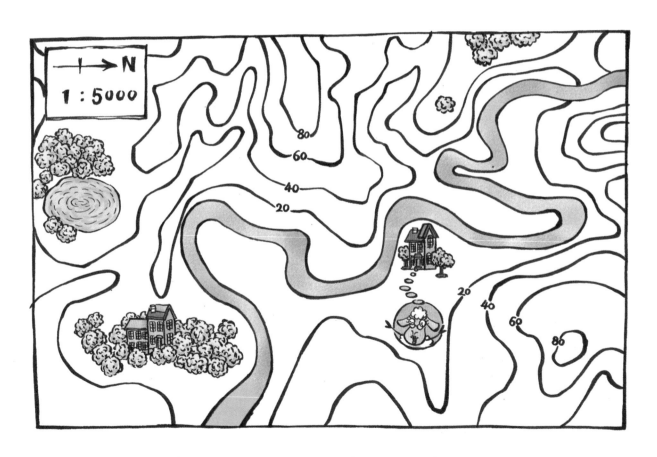

A. 从西北流向东南　B. 从东北流向西南

C. 从东南流向西北　D. 从西南流向东北

河流有"轨道"

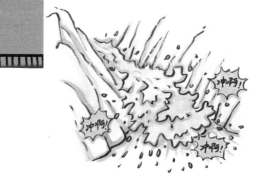

就像火车有铁轨，飞机有航线，旅行的河流也有自己的"轨道"。河流为开辟自己走向河口的道路，常常在地面上冲出弯弯曲曲的"轨道"，我们把这条轨道叫"河谷"。

这条轨道很少有被灌满的时候，我们把河水流过河谷的部分叫"河床"。河谷边缘的陆地，就像地铁站台的部分，我们叫它"河岸"。

河岸

河床

河谷

下图中，谁在河岸上？谁在河谷里？

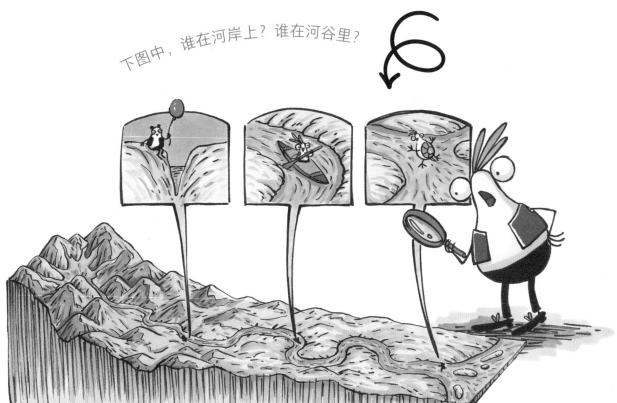

有些河流的轨道并不是一成不变的，历史上黄河有七次改道，每一次改道之后，漫出河床的水会流入村庄、淹没城市形成灾害。右图就说明了历史上黄河的七次改道，小步想知道黄河现在的「轨道」，你能找出来吗？

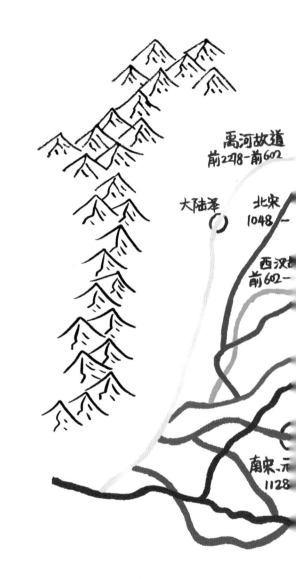

禹河故道
前2278-前602

大陆泽

北宋
1048—

西汉故
前602—

南宋·元
1128

■ 现代黄河　　■ 明清故道（1368—1855）　　■ 南宋、元故道（1128—

东汉故道11-1048

现代黄河

明清故道
1368-1855

宋故道（1048—1128） ■东汉故道（11—1048） 西汉故道（公元前602—11） 禹河故道（公元前2278—前602）

河流也有小时候

你一定想不到河流也有幼年、壮年和老年的分别吧？有些河流很长很长，是由几个河段连接起来的，它们每一段的样子、脾气、性格都不太一样。我们就将这些河段区分为河流的"上游""中游""下游"，正对应我们的幼年、壮年和老年。

上游：河流小时候是什么样的呢？一条河流，总是由无数细细弱弱的小河流汇聚起来开始。别看这时候河流还很狭窄，它们可是精力充沛，浑身充满力量。它们会流经高山，从山脉中俯冲下去，冲刷地面，开辟河道，形成河谷，而这段河谷已经慢慢允许小型的船只通行。

中游：河流慢慢长大了，这时候，有更多的河流加入进来，河谷更加宽广，看上去更加威猛。河谷的两岸由陡峭变得平缓，河流已经不会像幼年时期流速那么快，这时候的河谷已经允许大型船只航行。

下游：河流就像一个行动迟缓的老伯伯，流速更慢了，它们会悠闲地途经一望无尽的平原，携带着的泥沙会形成许多堆积的浅滩和沙洲——在水中间的小块陆地，河流最后汇入海洋。

学到了上游、中游和下游的知识，你能完成下面的填空吗？

这里是＿＿游

这里是＿＿游

这里是＿＿游

下面哪一个最有可能是河流上游的河床？

A

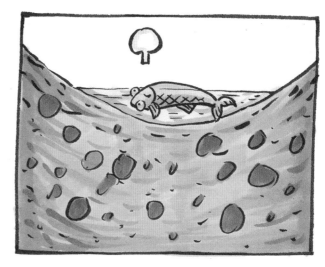

B

C

D

小步想知道长江的小时候是什么样的，小步的爸爸告诉他：一般来说，我们把从长江源头到湖北宜昌的那一段，称为长江上游；从湖北宜昌至江西的湖口之间，称为长江中游；而自湖口以东入海的这段，称为长江下游。你能帮小步在下图中找到划分长江的两个地点吗？

沱沱河　通天河

各拉丹冬峰

玉树

金沙江　雅砻江　老君江

攀枝花

水滴的旅行

小水滴从哪里来？

③ 在高空中，你找到了其他的水滴伙伴，它们此时也变成了气体，你和它们努力抱在一起，你们变成了云。

② 糟糕！太热了，太阳把你们晒得要晕了，你们的身体越来越轻，你从海面上飘了起来，和成千上万的水滴一起往天空中飞，你们被蒸发了。

① 你是大海里的一滴水，有一天，太阳把大家晒得暖洋洋的，你正舒服地和同伴们在海洋里发呆，但是……

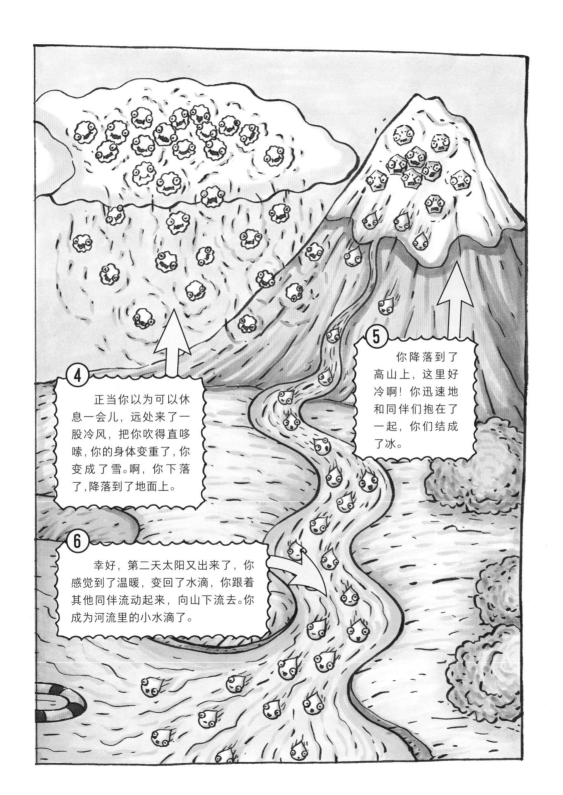

小步爸爸说："事实上，水滴在流入河流以前，都会经历从地上飞到天上，再从天上降落到地上的过程，就像坐过山车一样，人们把这一过程叫作'大气水循环'。河流就是水滴们大气水循环'旅行'中的一环。"

小步突然想起他早上看到露水在树叶上，中午就不见了。他问这是不是也是蒸发，也是大气水循环的一部分？小步爸爸告诉他："没错，蒸发不仅发生在海洋上，也发生在地面各处。"下图就示意了大气水循环的过程，不过箭头的方向有些是错的，你发现了吗？

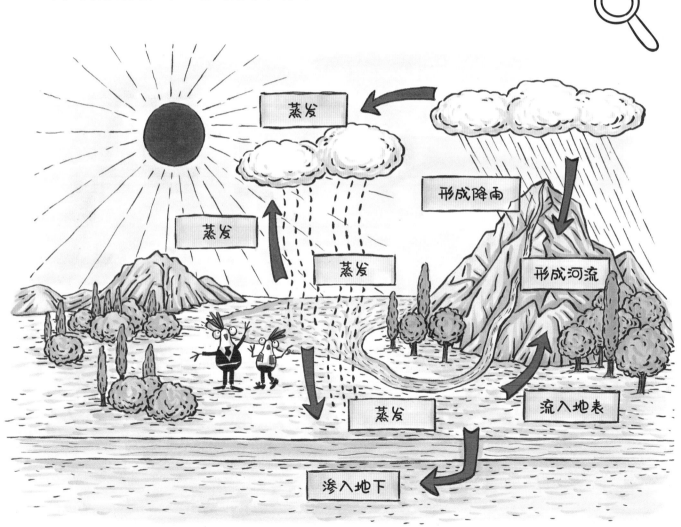

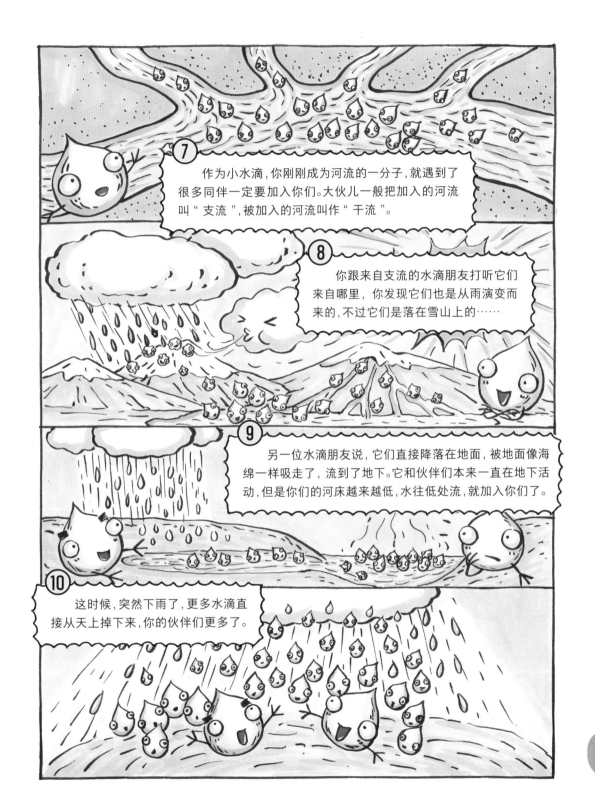

水滴的朋友们从哪里来？

⑦ 作为小水滴，你刚刚成为河流的一分子，就遇到了很多同伴一定要加入你们。大伙儿一般把加入的河流叫"支流"，被加入的河流叫作"干流"。

⑧ 你跟来自支流的水滴朋友打听它们来自哪里，你发现它们也是从雨演变而来的，不过它们是落在雪山上的……

⑨ 另一位水滴朋友说，它们直接降落在地面，被地面像海绵一样吸走了，流到了地下。它和伙伴们本来一直在地下活动，但是你们的河床越来越低，水往低处流，就加入你们了。

⑩ 这时候，突然下雨了，更多水滴直接从天上掉下来，你的伙伴们更多了。

河流里面的水来自支流，也来自冰山融水、积雪融水、地下水，还有雨水的补充。现在你知道河流是怎么形成的了吧！下图中的这条河流，它的河水来自哪里？

A. 冰山融水

B. 支流

C. 地下水

D. 积雪融水

E. 雨水

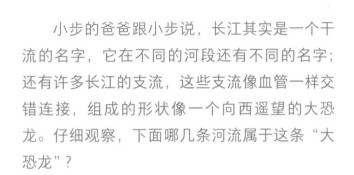

　　小步的爸爸跟小步说，长江其实是一个干流的名字，它在不同的河段还有不同的名字；还有许多长江的支流，这些支流像血管一样交错连接，组成的形状像一个向西遥望的大恐龙。仔细观察，下面哪几条河流属于这条"大恐龙"？

A. 金沙江　　　B. 岷江

C. 渭河　　　　D. 乌江

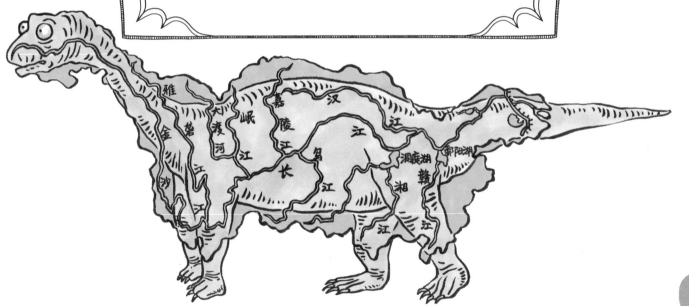

黄河和它的支流像一个大"几"字，其中最大的支流叫渭河，第二大支流叫汾河，你能找到这两大支流吗？

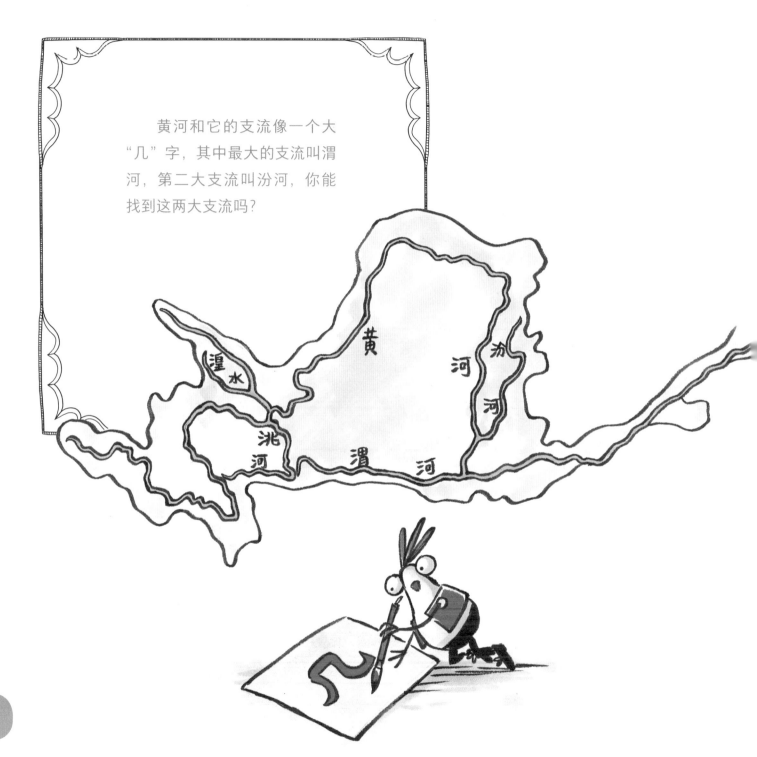

河流是个大家族

你发现了吗？河流是个大家族，你和伙伴们从雨水变化而来，降落在地面形成小沟渠、小溪流、地下水、支流、湖泊，最后汇合，成为一条大河。而加入你们的每一条河流……包括最不知名的小溪在内，都是这个大家族的成员，它们都叫这条河的水系。而所有水系流过的地方，称为这条河的**流域**。

流域

不同"旅行"路线的河流

还记得你是从山坡上流淌下来的吗？要知道在山的另一侧，也有同样的小溪流相互汇聚着呢。小溪流常常依靠着山脉山脊的斜坡，向相反的方向流下去。因为能把不同"旅行"路线的河流分开，人们管这些斜坡叫分水岭。流域就是依靠这些分水岭来划分的。

长江和黄河都发源于青藏高原，是一座山让黄河和长江分开，山以北的降水流向黄河，山以南的降水流向长江。这座山叫什么，你知道吗？

（可以参考第 16 页）

河流也会发脾气

这一路上，小水滴当然期望河流朋友们越来越多才好，但是也有例外的时候。一般来说，夏季雨水丰沛，加入河流的伙伴就会越来越多，人们把这个时期叫这条河流的丰水期。不过这时候水量太多，大家挤来挤去，一着急大家就会"发脾气"，流到河道外面的农田、乡村或城市中。

而朋友少的时候呢？比如冬季少雨干旱，新加入的朋友们会减少，这个时候只有地下水的伙伴们能流入河流的队伍了，这个时期是河流的枯水期。

河流爱「搬东西」——侵蚀

⑪ 小水滴，这时候你正处于河流的上游，正要欢天喜地大步向前走，突然碰到了一块大石块挡住了路，怎么办？当然是冲碎它，搬走它。人们把河流冲碎、搬走石头、泥沙的这类活动叫作**侵蚀**。

⑫ 在河流上游，侵蚀会非常强烈，常常会形成 V 字形的"**峡谷**"。

⑬ 前方怎么没有路了？原来是来到了一段**瀑布**。这也是你和伙伴们侵蚀造成的：①河流先将土层中较软的岩石部分侵蚀；②硬石层部分没有了支撑，逐渐形成阶梯 ③突然在某 天哗啦一下倒塌，形成了瀑布。快来，123，像跳水运动员一样跳下去才能走出瀑布！

小步想到世界上最深的峡谷去旅游，它发现这座峡谷就在中国，有 5000 多米深，相当于从 1000 多层的高楼往下望，它是哪座峡谷呢？

A. 雅鲁藏布江大峡谷

B. 大渡河金口大峡谷

C. 云南虎跳峡

D. 长江三峡

14

你看，随着流速变慢，人家已经没有那么高的兴致搬运大石块了。水滴们把石头和泥沙扔在河床底部，石头和泥沙不断堆积的现象叫沉积！

15

峡谷谷口是大家丢石块和泥沙的好地方！出了峡谷，河谷变宽了，河流流速变缓，石头和泥沙都沉积在谷口，形成形状像扇子的地形，人们叫它冲积扇。

16

平原是你们另一处去石头和沙子的地方。这里的地势更加平缓，更轻的泥沙和石头沉积在这儿被丢下啦！形成的地形叫冲积平原。

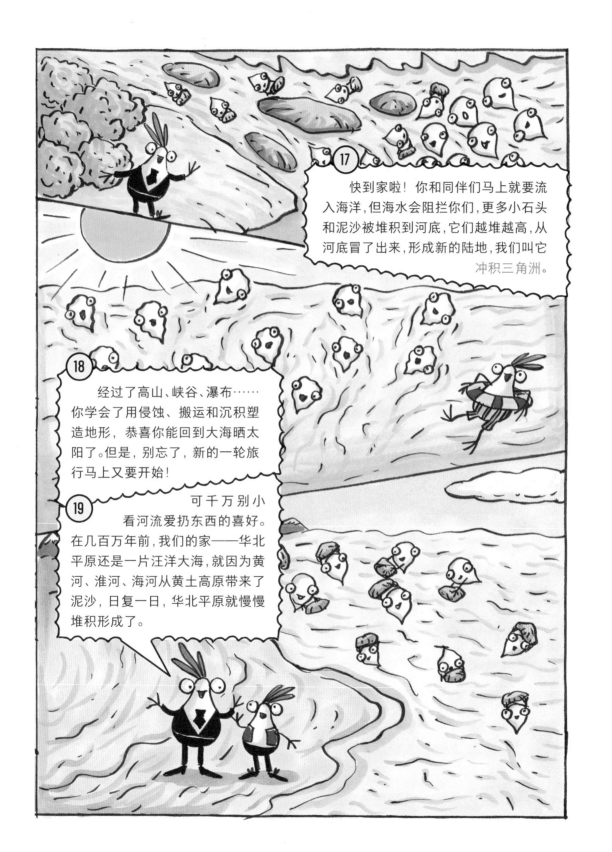

17 快到家啦！你和同伴们马上就要流入海洋，但海水会阻拦你们，更多小石头和泥沙被堆积到河底，它们越堆越高，从河底冒了出来，形成新的陆地，我们叫它冲积三角洲。

18 经过了高山、峡谷、瀑布……你学会了用侵蚀、搬运和沉积塑造地形，恭喜你能回到大海晒太阳了。但是，别忘了，新的一轮旅行马上又要开始！

19 可千万别小看河流爱扔东西的喜好。在几百万年前，我们的家——华北平原还是一片汪洋大海，就因为黄河、淮河、海河从黄土高原带来了泥沙，日复一日，华北平原就慢慢堆积形成了。

豆子冲积扇

　　小水滴的旅行结束了，和我们一起做一个豆子冲积扇来模拟一下冲积扇是怎么形成的吧！用一把小米、黄豆和绿豆当作河流，从倾斜的书上倒下来，是不是就形成了一个扇子形状的地形？冲积扇就形成了。

　　在你做的冲积扇小实验中，沉积在"冲积扇"边缘的是什么？

A. 小米　　B. 黄豆　　C. 绿豆

小步探险队正在考察河流的沉积现象，他们分别要去**冲积平原、冲积三角洲、冲积扇**处，你知道下图中这些地方都在哪里吗？

小步爸爸告诉小步，黄河水之所以是黄色的，和河流爱搬东西和扔东西有关。黄河上游的水十分清澈，但当它流经黄土高原的时候就开始变混浊了。黄土高原到处是沙子，黄河会将黄土高原里的泥沙搬运到下游，下游的河床不断被垫高。流经河南开封市的河流甚至比地面高10多米，这部分黄河也被称为"地上悬河"。

好吓人！黄河冲过来怎么办！

开封铁塔

13米

开封的悬河就位于开封市 10 千米处黄河的南岸。这里河面宽 800 米，高约 15 米；这里的河床已高出开封市区地平面大约 8 米，最高处竟然能达到 10 米以上！开封就在河流冲积而成的华北平原上，在上图中，你能找到河南开封吗？

用水铺成的道路：运河

你看，世界上大部分的河流都是自然形成的，可有一些河流不一样，它们是人们自己建造出来的，这样的河流叫运河。

人们为什么想要建河呢？在古代，皇帝会向百姓收取粮食当赋税。杭州、苏州、扬州在很长一段时间都非常富庶，皇帝在这里能收到的赋税就更多了。赋税越多，皇帝当然越高兴，可负责运送这些粮食的人却很发愁。古代的京城大多在北方，而那么多的赋税却都在南方，那个时候又没有飞机和铁路，需要多少辆马车、多久才能把粮食送到京城？如果有一条从南向北的河流，把这些粮食通过河流运到京城就好了。

隋朝皇帝隋炀帝也遇到了这样的问题，他想，为什么不能自己建一条河流呢？于是他下令隋朝的百姓修建河谷，引入河水，南起余杭（今杭州），北到涿郡（今北京），把已有的大江大河连接起来。前后用了6年，隋朝大运河真的建成了，后来唐朝、元朝、明朝的人们都在此基础上继续开凿，形成了现在的京杭大运河。

你能在地图上找到像刻度线一样的标识吗？那就是运河。请你在地图上找一找我国古代最重要的南北交通大动脉——京杭大运河，它流经哪些省份呢？

△ 京杭大运河江苏段

△ 京杭大运河北京段

水往高处流？

船往高处走？

修建大运河可不仅仅是挖土这么简单。大部分时候，人们需要利用水从高处流向低处的特点，在低处挖河床，高处的河水流下来，运河就贯通了。可如果遇到了高山，河水不能从低处往高处流，这该怎么办？

古代可没有抽水机，能把水抽到高处，聪明的科学家想到了一个办法：既然河流不能往高处流，那我们就在高处找水源，让它们流下来和山下的河流汇合，山上、山下的水道不就贯通了？就是利用这个办法，京杭大运河的河水就能"翻山"了。京杭大运河最高的地方在山东南旺，南旺的水一部分向山南流，一部分向山北流，它们和山下的运河汇通，运河的南北就这样连通了。

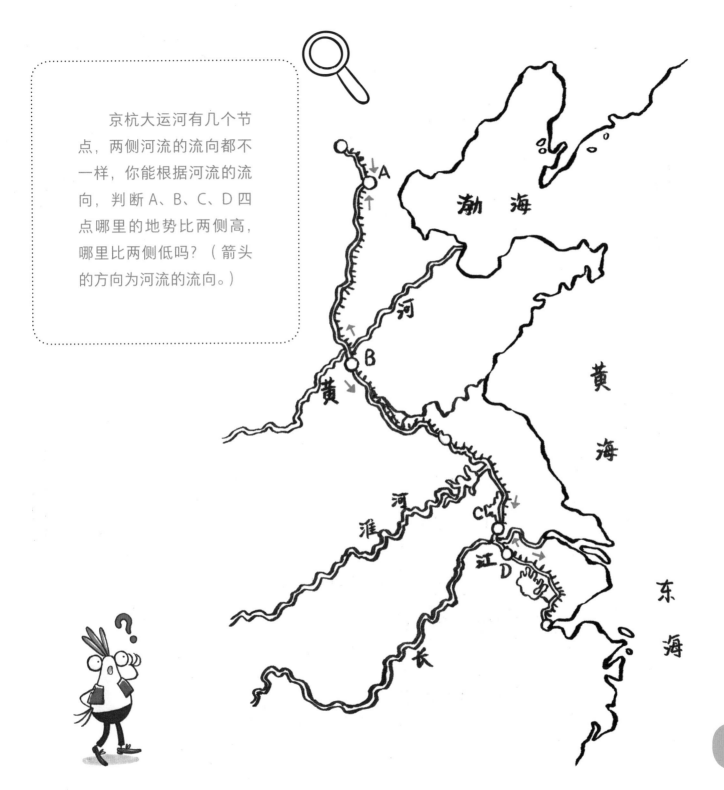

京杭大运河有几个节点，两侧河流的流向都不一样，你能根据河流的流向，判断 A、B、C、D 四点哪里的地势比两侧高，哪里比两侧低吗？（箭头的方向为河流的流向。）

渤 海

黄 河

黄 海

淮 河

东 海

长 江

可是这又会带来一个问题，运河中许多段流向都不一样，一会儿向南流，一会儿向北流。可船只会顺水漂流，当遇到需要从低处向高处行驶的河段，船怎么逆水 "爬高" 呢？

这也好解决，古代科学家早就想到了办法——让水流一节一节地将船抬高。怎么做呢？科学家们在运河中间建了很多水闸。水闸就像水的大门，分段拦水，让水道成为一节一节的，从低到高，像楼梯一样。水闸两边的水位高度不同，水闸打开，高处的水会流到低处，就会把低处的船抬高，船随着水涨，就能通过这一节。之后，人们把这一节的水闸关闭，再把更高处的水闸打开，船又被抬高……这样一节一节地行驶，船自然就能从低处爬到高处了。古人是不是非常聪明？请你想一想，你还有什么办法让船爬高？

1. 打开闸门，闸门两侧水位相同，船驶入闸室。

2.关闭左面的闸门，打开右面的闸门，等两边水位一致，船驶入。

3.船驶出闸门。

与山、河流有关的地名

河流和山对我们的生活意义重大，对古人更是如此，所以古人在给一个地方起名字时，很喜欢用山和河来命名。

很多时候，古人给一个地方起名字，会考虑这个地方与河流、山的位置关系。"山南水北谓之阳，山北水南谓之阴。"在河流北岸或者山的南边，我们一般就会称它为"阳"，例如洛阳、汾阳、沈阳、汉阳等，就和这些地方位于河流的北岸有关。而绵阳、南阳、衡阳、安阳这些地名，就和它们在山的南面有关系。而如果一些地方在河流的发源地、河流的入海口，古人也会直接拿来当作地名，比如泾源、河口。下图中几个地名都与河流和山脉有关，你能根据下页的提示，把下面这些地名填入图中吗？

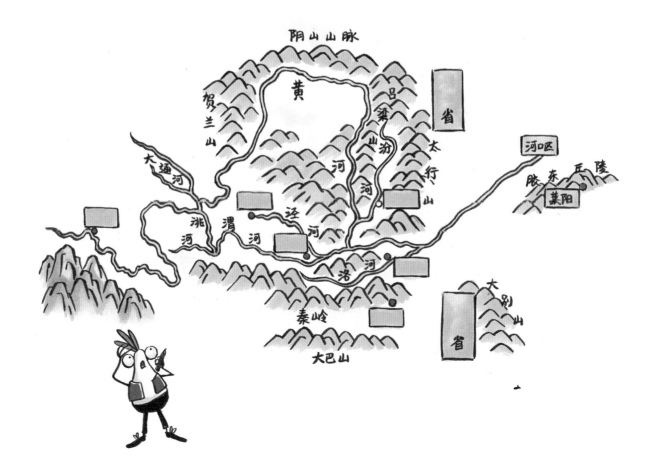

玛多：藏语中，玛多的意思是"黄河源头"；

泾源：泾河的发源地；

临汾：附近有一条汾河；

洛阳：洛河的北岸；

河南：黄河的南岸；

河北：黄河的北岸；

咸阳：九嵕山之南、渭河以北；

南阳：秦岭以南。

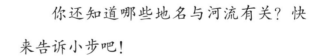你还知道哪些地名与河流有关？快来告诉小步吧！

介绍你的河流朋友

大家好，我认识一条河流朋友，它的名字叫_____，它从____而来，向_____去旅行。这一路上，它找到了许多伙伴_____，它们一起经过了_____瀑布和_____峡谷，它们搬来的泥沙和岩石形成了_____冲积扇、_____冲积平原和_____三角洲，最后，所有的同伴一起，它们汇入了_____。有些地方的名字就与它有关，比如_____。

答案
ANSWERS

第11页

3条河流

第12页

12条河流

第13页

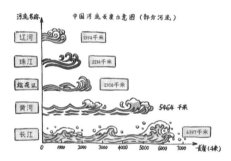

第15页

第16页

第17页

D

第18页

猫头鹰和鸵鸟哥哥找错了，因为塔里木河和布哈河是内流河。而大渡河河水经过岷江、长江，流入大海；湘江江水经过洞庭湖、长江，注入海洋：这两条河流是间接入海，属于外流河。

第19页

A（提示：图中方向标的方向是正北。）

第21页

大熊猫在河岸上，小步和小乌龟在
河谷里。

第26页

第27页

D，因为上游的河床比较窄。

第28页

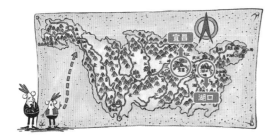

第34页

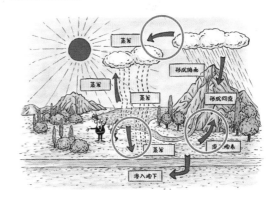

第36页

ABCE

第37页

ABD（提示：渭河属于黄河的支流。）

第38页

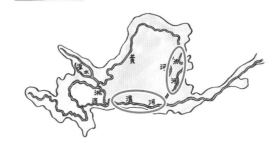

第41页

巴颜喀拉山

第45页

A（提示：雅鲁藏布江大峡谷是世界上最深的大峡谷。）

第48页

A

第49页

第51页

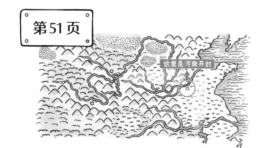

第52页

京杭大运河从北到南流经北京市、天津市、河北省、山东省、江苏省、浙江省。

第55页

A 和 C 的地势比两侧低，B 和 D 的地势比两侧高。

第58页

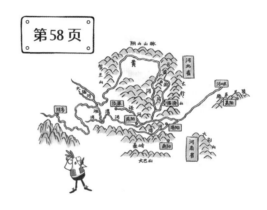

审图号:GS（2022）2722号

此书中第12、16、22、23、28、29、37、38、55、58、62、63、64页地图已经过审核。

图书在版编目（CIP）数据

这就是河流 / 郑利强主编 ; 李冉著 ; 段虹, 梁顺子绘. -- 北京 : 电子工业出版社, 2022.6

（有趣的地理知识又增加了）

ISBN 978-7-121-42985-9

Ⅰ.①这… Ⅱ.①郑… ②李… ③段… ④梁… Ⅲ.①河流－少儿读物 Ⅳ.①P941.77-49

中国版本图书馆CIP数据核字（2022）第032371号

责任编辑：季　萌
文字编辑：邢泽霖
印　　刷：北京利丰雅高长城印刷有限公司
装　　订：北京利丰雅高长城印刷有限公司
出版发行：电子工业出版社
　　　　　北京市海淀区万寿路173信箱　邮编：100036
开　　本：889×1194　1/12　印张：42　字数：213.6千字
版　　次：2022年6月第1版
印　　次：2025年2月第3次印刷
定　　价：198.00元（全8册）

凡所购买电子工业出版社图书有缺损问题，请向购买书店调换。若书店售缺，请与本社发行部联系，联系及邮购电话：（010）88254888，88258888。

质量投诉请发邮件至zlts@phei.com.cn，盗版侵权举报请发邮件至dbqq@phei.com.cn。

本书咨询联系方式：（010）88254161转1860，jimeng@phei.com.cn。